知味新疆

ZHIWEI XINJIANG

SHIJIAN
KUIZENG

时间馈赠

本书编委会 编

新疆科学技术出版社

图书在版编目（ＣＩＰ）数据

时间馈赠/本书编委会编．— 乌鲁木齐：新疆科学技术

出版社，2022.5

（知味新疆）

ISBN 978-7-5466-5201-6

Ⅰ．①时… Ⅱ．①本… Ⅲ．①饮食－文化－新疆－普及

读物Ⅳ．① TS971.202.45-49

中国版本图书馆 CIP 数据核字（2022）第 255096 号

选题策划	唐 辉 张 莉
项目统筹	李 雯 白国玲
责任编辑	顾雅莉
责任校对	牛 兵
技术编辑	王 玺
设 计	赵雷勇 陈 上 邓伟民 杨筱童
制作加工	欧 东 谢佳文

出版发行	新疆科学技术出版社
地 址	乌鲁木齐市延安路 255 号
邮 编	830049
电 话	（0991）2870049 2888243 2866319（Fax）
经 销	新疆新华书店发行有限责任公司
制 版	乌鲁木齐形加意图文设计有限公司
印 刷	北京雅昌艺术印刷有限公司
开 本	787 毫米 ×1092 毫米 1/16
印 张	7
字 数	112 千字
版 次	2022 年 12 月第 1 版
印 次	2022 年 12 月第 1 次印刷
定 价	39.80 元

丛书编辑出版委员会

顾　　问　石永强　韩子勇

主　　任　李翠玲

副主任（执行）　唐　辉　孙　刚

编　　委　张　莉　郑金标　梅志俊　芦彬彬　董　刚
　　　　　刘雪明　李敬阳　李卫疆　郭宗进　周泰瑢
　　　　　孙小勇

作品指导　鞠　利

出品单位

新疆人民出版社（新疆少数民族出版基地）

新疆科学技术出版社

新疆雅辞文化发展有限公司

目　录

万物生长，需要阳光与水分，
不可或缺的还有时间。

不同的食材，要经过或长或短的积累、
沉淀，通过腌制、发酵等手段，
才拥有了各自独特的风味。

这是大自然与时间的默契。
它们，都是时间的馈赠。

牧家三宝

风干肉 熏马肉 熏马肠

一盘来自草原牧家的滋味，能让人感受到其中深深掩藏着的古老游牧民族的气息，也足以让人思念很久很久。

新疆的冬季，寒冷而漫长。从秋天进入冬天，往往只需要一场大雪。

天山北麓，新疆伊犁地区，有美丽的河谷和成片的草原。进入冬季，这里的色彩变得单调，但生活依然充满活力和热情。

牧民有足够的智慧应付寒冬——他们赶在入冬之前，将牲畜从秋牧场赶进了"冬窝子"。贴过秋膘的牛马，膘肥体壮，正适合制作一种越冬美食——风干肉。

今天，是马师傅家冬宰的日子。冬宰，是新疆各族牧民的传统习俗，他们通过宰杀牲畜，储备过冬的肉食，感恩自然赐物。当然，这一天也是联络情感的大日子。

这是难得的相聚时光，远远近近的亲戚朋友都应邀而来。

为了今年的冬宰，马师傅在巴扎上挑选了一匹体型健壮、肉质肥美的畜马。宰马人的手艺精湛，不大一会儿，就完成了使命。大块的马肉被条块分割，锅里的肉正炖煮出浓香。

这是难得的相聚时光，远远近近的亲戚朋友都应邀而来。他们在一场美味的盛宴过后，将一起参与风干马肉的制作。

马肉被切割成条状或者块状，他们在每一块肉上面都均匀地抹上盐巴，经过这样腌制的马肉，才能够长时间保存。

肋条肉被撒上盐和作料，塞进洗净的马肠内，再将马肠两头打上结，这是哈萨克族牧民制作熏马肠的传统方式。

腌好的肉和马肠，挂在专门的架子上，架子下面燃起松木柴火，微微熏烟，会加速肉的风干，松木的清香，也会在熏制中慢慢浸入，二十余天后，它们将变得熏味浓郁、色泽深沉。

经过一段时间的浸润，鲜肉变成了风味独特的风干肉。

这种风干肉，极易保存，吃起来也极为方便。将熏马肉、熏马肠清洗干净，放入锅中加入冷水，大火烧开后，改用小火慢慢熬煮，一个小时左右即可出锅。

有人习惯于将风干肉切成薄片，当成佐餐的美味。但更多时候人们愿意切成大块装盘，然后用肉汤将擀好的皮带面煮熟。面盛入肉盘里，撒上切好的洋葱，一盘浓香四溢的手抓风干肉就做好了，就像新疆人的性格，粗豪中带着热情，这才是打开风干肉的正确方式。

从青翠草原到皑皑雪山，古老的游牧民族常年与草原、森林、雪山相伴，一直都过着逐水草而迁徙的生活。从祖辈遗训到一日三餐，牧民们在一场场迁移的过程中接受着考验，创造出最适合食材本身的吃法。对于世代生活在物产丰饶的草原的牧民而言，天赐的美味，手到擒来。

生活在伊犁的牧民以哈萨克族为主，他们非常熟悉草原的一切。

当天气转凉，快要下雪的时候，就预示着一年的生活即将结束。人们开始赶着牛、羊、马转场迁徙，从夏牧场到冬牧场，他们会将自家的毡房迁至风雪较小、地势平坦的山沟内，建成冬天的住所，就是人们口中常说的"冬窝子"。

冬牧场即使环境再优良，"冬窝子"都是非常寒冷的。为了度过寒冷而漫长的冬季，哈萨克族人在每年的入冬前后，一般是下过第一场雪之后，都会宰杀牛、羊、马等家畜。

初冬时节，恰是一年中家畜最肥美的时候。经过水草丰美的夏季和秋季的滋养，家畜们为越冬积蓄了足够的油脂。同时，也只有进入初冬，大量宰杀的牛、羊、马肉才不会变质。冬宰这种习俗自从有游牧部落起，一直沿袭至今。一来表示对丰收的庆贺，二来为家人御寒补充必要的能量。

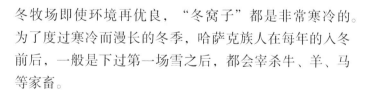

冬宰，是牧民的欢乐聚会，也是亲朋联系感情的一种最为直接的方式，由草原上的长者主持。每家每户会根据自家的情况，挑选膘肥体壮的上等家畜进行宰杀，牛和马因为体格庞大一般只宰一头，而羊会宰两到三只不等。冬宰，左邻右舍都会前来帮忙。

冬宰就在毡房外面举行，哈萨克族人不食血制食物，所以，牛、马、羊的血任其放掉。动物的皮，就是最好的案板，哈萨克族人会严格按照分割标准对各类肉品进行处理。

冬宰结束后，主人家开始准备丰盛的宴席，款待亲朋好友和左邻右舍，大家一起聚餐庆贺。切分好的肉除了招待来帮忙的邻居外，余下的会制作成各种成品或半成品，被称为"冬肉"，供一家人在冬季里消耗。

当油脂暗黄、肉色褐红、香味浓缩凝结了，风干肉也就做好了。

牧民长期生活在草原，因地制宜、就地取材也成了他们特有的饮食方式。对于肉类的烹饪，除了炖煮和炙烤两种方式外，为了让冬肉能够保存更长的时间，先辈们还研究出了风干和熏制两种方法，制作出了风干肉、熏马肉、熏马肠三道独具特色的牧家美味。

制成一块香凝不消的风干肉，晾，是关键所在。刚宰的牛、羊、马肉不用水清洗，直接撒上盐进行腌制。等肉腌制好后，悬挂在通风好的屋子内的横梁上，等待着自然风干，直至握捏感觉不到肉里水分的存在为止。讲究的人家还有专门的风干房，便于空气的流通，能够让肉风干得更快更好。当油脂暗黄、肉色褐红、香味浓缩凝结了，风干肉也就做好了。

风干肉是肉的精华，三公斤的鲜肉在风干后一般只剩一公斤多。风干后的肉水分全无，香味却凝结和浓缩了，入口时味道浓重，口味独特，更有嚼劲。

因为在腌制的过程中加入了较多的盐，所以风干肉经年不坏，一直可以吃到来年。

相传成吉思汗时的蒙古兵在宰杀牛之后，会将百十公斤重的牛肉风干煮熟并碾成碎末，肉末方便携带，既减轻了行军路途中背负粮食的重量，又保留了牛肉所含的营养物质，食用之时用水冲饮即可。因其营养丰富、香脆可口、携带方便，肉末成为蒙古勇士的主要军粮。也正是从那时开始，蒙古族的牧民便形成了晾晒牛肉的生活习惯。后来风干肉逐渐在草原上流传开来，各族牧民都学会了制作。

风干肉可煎、可炒、可煮。最能够体现牧区特色的食用方法，当属大盘手抓风干肉。手抓肉，原以用手抓食而得名，是从哈萨克族中流传来的，历史悠久。手抓肉多以羊、牛、马、骆驼等家畜的肉制作，做法也相对简单。将肉放入冷水中，只加盐调味，煮熟捞出后配以洋葱、肉汤即可食用，既可吃肉，又可喝汤。和鲜肉相比，风干肉因制作方法使肉质发生了变化，口感筋道，嚼劲十足。手指将肉从骨上剥离下来再入嘴咀嚼的过程，意外地给人带来撕扯的满足感，肉的香味浓厚且余香萦绕。每一口悠长浓郁的肉香，都是草原牧民最喜欢的味道。

马肉，是哈萨克族牧民的冬肉首选。对于哈萨克族人而言，马是陪伴他们时间最长的动物，也是自由的象征。伊犁草原的青山绿水，繁育出了值得新疆人引以为傲的伊犁骏马。素有"天马"之称的伊犁马饮天山雪水，食野生百草，格外的身强体健。这里的哈萨克族牧民家中一般至少养三匹马，一匹日常放牧骑乘，一匹参加赛马、叼羊等草原节日活动和比赛，还有一匹则作为冬肉食用。

无论是走进哈萨克族家庭，还是哈萨克美食餐厅，马肉都是哈萨克族人最为钟爱的一种食物。

马肉具有很高的营养价值。马肉的脂肪近似于植物油，质量也优于其他红肉类动物脂肪，因此哈萨克族牧民将马肉视为冬肉中的第一选择。为了使马肉能较长时间地保存，人们特别重视马肉的加工。如肋骨上的肉肥瘦相间，适合做成马肠；马腿上的肉精瘦、紧致，人们就采用世代传承的方式——熏。

伊犁地区是盛产熏马肉、熏马肠的地方，熏马肠是所有熏肉中的上品。伊犁熏马肠已有几百年的历史了，它易储存、易携带，外观呈琥珀色，填充均匀、粗细适中、肥瘦相宜、筋韧爽口、油而不腻、越嚼越香，既有强筋壮骨的功效，也具有很高的营养价值。

制作马肠，是另一种常见的保存马肉的方式。虽然都是以小肠为肠衣，但和其他地区用搅碎的肉灌肠不同，新疆的制作方式更为粗犷、大气。

在制作时，牧民会先将马肠洗净，将马的肋条肉撒上大粒盐后均匀揉搓，经过一个小时的腌制后，将整块的肉塞进马肠内。最后，还会用两个带肉的肋条分别从马肠的两头塞入，故意露出一小截肋骨，用红柳枝进行封口，这就是著名的"卡子肠"。还有一种制作马肠的方式就比较常见，在肠衣内灌入马肉即可。

马肉和马肠经过盐腌制后，用绳子串起来，悬挂在熏房屋顶的架上。小小的熏房如同暗室一般，没有阳光，这样可以使腌制出来的水分自然风干。再把一只火盆放在肉下边，点燃富含松香的松树枝和包裹果香的果木枝，待明火熄灭后，控制好烟量和温度，关紧门窗，最少熏制 48 小时来保证入味均匀。

熏制时果香、松香、肉香在烟火中轻柔徘徊，随风逸散。

不同于南方的腊肉，新疆的熏马肉、熏马肠会在夜间经历零下二十摄氏度的低温，反复冷冻赋予马肉独特的味道。经过烟熏之后的马肉和马肠表面呈黑红色，肥肉呈半透明的暗黄色，闻着有浓浓的烟熏味。马肉里没有添加任何防腐剂、色素等食品添加剂，是真正意义上的传统手工绿色食品。这些操作神奇地组合在一起，虽然形式粗犷，但滋味细腻，虽看似简单，却回味悠长，在冰与火中成就绝世美味。

其实，哈萨克族人凡肉皆可熏，只不过马肉非熏不可，因为马肉中的油脂不同于牛、羊肉的脂肪，即便在冬天也不会凝固，需要通过高温熏烤后才能更好地保存。牧民们惊奇地发现，在肉脂的作用下，用天山深处富含松香的松枝、伊犁河谷平原包裹果香的野果树枝熏制出的马肉口感最佳，不仅能给马肉增香，还能将马肉自身的香味牢牢锁住。

北疆地区的熏肉材料各不相同，有的地方会选择梭梭柴老根进行熏烤，有的地方使用红柳熏肉，有的地方则使用更为随意的方式进行熏制，比如在阿勒泰，马肉不熏，熏房内不置火盆而是放有烟囱的炉子，只用火炉高温让腌好的肉水分挥发就行，这样的马肉类似风干肉。

熏马肉、熏马肠都需要煮熟才能食用。将熏马肉、熏马肠表面的烟尘洗净后，冷水入锅，大火烧开转小火慢煮一个半至两个小时就可以出锅了。出锅后晾凉切片，马油色泽黄润如琥珀，瘦肉色泽褐红如玛瑙。经过熏制的肉香已完全渗入马油中，马油入口香滑滋润，毫无油腻感。再嚼瘦肉，因有了马油的滋润，原本肌理略粗的瘦肉此时不柴不硬，纤维松软，肉香细腻，口感和味道相得益彰。马筋和肠衣韧性十足，熏香浓郁，亦可隐约品尝到果木或松枝的清韵。

除此之外，熏马肉最为常见的食用方法就是爆炒。烟熏过的马肉和辣椒一起爆炒，也是正宗的新疆味道。当烟熏的马肉与爽口的辣椒、清甜的洋葱相遇，便增添了几分豪气与爽朗的味道。

马肠子最为常见的食用方式是搭配抓饭，马油的嫩，肠衣的脆，熏肉的香，胡萝卜的甜，米饭的糯，香凝唇齿。吃上一口肉，再来上几口米，米香肉嫩，让人欲罢不能，幸福感满满。

虽然现在有各种方法来保存食物，但腌制、风干、烟熏等古老的方法，让我们获得了与鲜食完全不同的味道，更慰藉了远在他乡的游子之心。

当烟熏的马肉与爽口的辣椒、清甜的洋葱相遇，便增添了几分豪气与爽朗的味道。

无论是风干的凝香不散，还是熏制的浓郁魅惑，都是哈萨克族人家滋润味蕾的秘密。在寒冷的冬日里，煮上一锅风干肉或熏马肉、熏马肠，让温热的冬肉驱走身上的严寒，也让餐桌上升腾起暖暖的草原牧家之味。

约上三五好友盘膝坐于毡房内，左手抓起油亮又透香的肉骨，右手拿着精美的小刀，边削边嚼，豪气顿生，只想策马驰骋于美丽的大草原中，昂首长吟，肆意放歌！

白色之恋

奶疙瘩

千年的游牧时光中，蕴藏着一个『白』字。白，是世间最纯的色彩，它是时光的轮回，也是生命的坦然。

新疆有广袤的草原、适宜的纬度和气候，是举世公认的优质黄金奶源地。一方水土，养一方人，新疆人对于奶和奶制品的需求几乎是无限量的。

奶疙瘩，就是其中一种比较常见的风味。

位于新疆特克斯县境内的喀拉峻草原，每到夏季，山花遍野、牛马成群，是当地牧民的夏牧场，也是著名的 5A 级景区。阿加尔·熟勒曼一家在草原边上开了家商店，卖一些日用品。

时至暑假，在特克斯上学的女儿回到牧场，阿加尔·熟勒曼早早起来，准备做女儿最爱吃的奶疙瘩。

新挤的牛奶，被阿加尔·熟勒曼小心地倒入油脂分离机中。

在更传统的做法里，给牛奶脱脂的工序只能依靠手工，但随着新疆社会经济的发展，牧区都通上了电，用油脂分离机显然更有效率。

机器有两个出口，一边流出的是脱脂后的牛奶，用来制作酸奶和酸奶疙瘩；另一边流出的是油脂，用来制作酥油。

阿加尔·熟勒曼把脱脂后的牛奶倒入锅里，加入发酵的酸奶水熬煮。炉火很旺，锅里牛奶的水分渐渐熬干，奶液凝固。这时候要用网纱过滤掉残余的水分，再晾晒一天，余下的奶白色膏体，用手捏成小块，放到室外晾干，奶疙瘩就做成了。新鲜的奶疙瘩吃起来松软香浓。

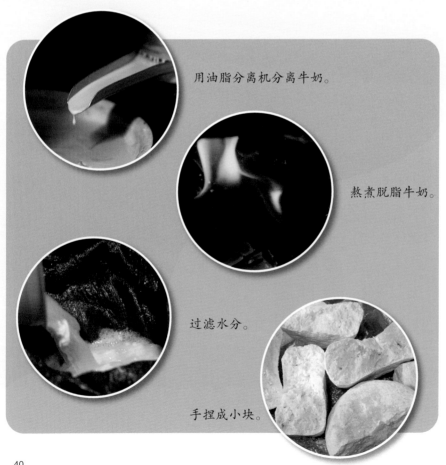

用油脂分离机分离牛奶。

熬煮脱脂牛奶。

过滤水分。

手捏成小块。

晒干的奶疙瘩可以存放很长时间，平时与奶茶一起搭配着食用，是牧民转场时重要的热量来源。

在祖国的大西北——新疆，一望无际的伊犁大草原上散落着如珍珠般白皙的羊群，洁白的毡房星罗棋布，这就是哈萨克族牧人的生活环境。在他们的日常生活中，随处可以看到白色。

白色是哈萨克族人最为崇尚的颜色，哈萨克族人认为白色象征真理、快乐和幸福，也象征着哈萨克族是一个做人干净、做事干净的民族。白色羊群是他们的亲密伙伴，白色毡房是他们的温暖港湾，白色乳汁是他们的生命源泉……这些都是草原母亲对草原儿女慷慨的馈赠。草原人也会利用这些得天独厚的资源，把各类鲜奶作为原料制作成各种乳制品，让草原的饮食文化与人们的物质生活和精神生活有着千丝万缕的联系。

在千百年来的草原饮食文化中，乳制品占据着相当大的
比例，也蕴含着草原人民的聪明智慧。我国饲养奶畜、
制作食用乳和乳制品的历史悠久，发源于古代游牧民族。
据相关史料记载，北方和南方地区的少数民族利用黄牛、
牦牛挤奶食用已有五千多年的历史了。

自有文字以来，古籍中关于乳的记载屡见不鲜。秦代关于牛乳的记述是比较早的，西汉时也有关于加工奶酒的记录。司马迁在《史记·匈奴列传》中曾记载"匈奴之俗，人食兽肉，饮其汁"，这个汁就是指牛和马的乳汁。到了唐朝，食用乳制品更为普遍。据《唐书·地理志》记载，各地向皇宫进贡的礼品中就有干酪。

乳制品不仅是民间的食品，也为军中所用。意大利旅行家马可·波罗的游记里就有元代蒙古骑兵食用马奶制品的记述。不同的是，蒙古族人对它进行了巧妙的干燥处理，做成了便于携带的奶粉。到了明代，人们对乳制品的认识有了新的飞跃，李时珍所著的《本草纲目》中对各种乳的特性与医药效果进行了详细阐述。可见，在长期的历史发展中，乳和乳制品不但作为食品，还作为军需物资、药品被广泛应用，与人们的生活密切相关。

乳制品作为牧民餐桌上必不可少的食品，从鲜奶、酸奶、奶油、奶皮，到奶片、奶糕、奶酒、奶茶，再到酥奶酪、奶豆腐、奶疙瘩等，都深受哈萨克族、蒙古族、柯尔克孜族等草原民族的喜爱。这些在牧民手中千变万化的乳制食品不仅美味，而且有保健、食疗的作用，其加工工艺还各具特色，渗透着游牧文化元素。

关于奶疙瘩，哈萨克族还流传着这样一句谚语："六块奶疙瘩就是一顿饭。"

每逢年节、寿诞、婚宴、聚会等重大活动，奶食也被视为珍品，人们都会把品尝奶食、敬献奶酒作为最美好的祝愿和最隆重的礼节。

在牧区的日常生活中，人们习惯将奶类和肉类作为最主要的食物，每一种奶制品都是纯手工制作。哈萨克族有句谚语："奶子就是哈萨克族人的粮食。"足见奶制品在哈萨克族饮食中的分量。奶疙瘩作为哈萨克族奶制品中最基本的一种，也是哈萨克族人的主食之一。关于奶疙瘩，哈萨克族还流传着这样一句谚语："六块奶疙瘩就是一顿饭。"

奶疙瘩，也常被称为"奶屹塔"。相传元太祖成吉思汗
的部队将士们手中握有两大法宝：一是极具耐力的蒙古
宝马，另一个就是易携带、耐贮藏、极具营养的奶疙瘩。
在长期的征战中，将士们可以做到几天不下马，连续作战，
用随身携带的奶疙瘩随时补充营养，赢得有利战机。因此，
奶疙瘩也被称为"铁木真的干粮"。

虽然金戈铁马的场景早已消失在人们的视野中，单一的驱赶牛羊跋山涉水的日子也已走远，但是被当作远行必备干粮的奶疙瘩却在漫长的时光里，一直留存在草原人的生活中。曾经祖辈们口耳相传的"金疙瘩"，如今，依然是生活里的必需品。在草原上，加工制作奶疙瘩是牧民的专业技术，一代一代传承下来，直至今天。

每到秋冬季节，草原上奶牛的产奶量就会逐渐减少，因此，夏季是哈萨克族人制作奶食的最好季节。每逢盛夏，就连草原的空气里都弥漫着奶香，勤劳的哈萨克妇女会制作好奶疙瘩等奶制品，以备冬天所需。

就工艺而言，奶疙瘩是发酵的牛奶结晶；就营养而言，奶疙瘩则是浓缩的牛奶精华。一块奶疙瘩就相当于一杯奶，既解馋又解饿，不但营养丰富，还能增加食欲。在牧区，男女老少都喜欢吃奶疙瘩，除了自己食用外，还用来招待客人，也常把奶疙瘩作为礼品馈赠客人。

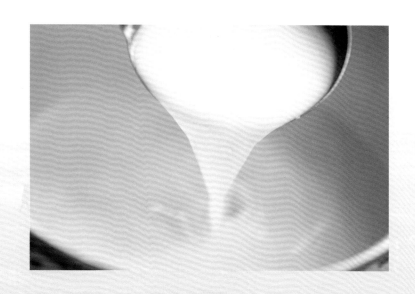

奶疙瘩有两种，一种是甜奶疙瘩，一种是酸奶疙瘩，分
为湿、干两类。湿奶疙瘩可以直接吃，吃起来既松软又
香醇，充满奶香味。奶疙瘩晾干了，就成了干奶疙瘩，
也就是最传统的奶疙瘩。在新疆，一般把湿奶疙瘩称为
乳饼，干透的叫奶疙瘩。

牧民制作奶疙瘩，大多使用新鲜牛奶。先将牛奶煮沸，
晾温后倒入沙班（一种容器），加入酸奶发酵，每天都用
木棒在沙班里上下抽打上百次，一段时间之后，奶液与
脂肪就会分离，浮到沙班上层的油即为酥油。

提取出酥油后，把酸奶倒入锅中继续熬煮，不停搅拌使水分蒸发，直至煮成稠糊状。待奶液自然凝固后，将其装入各种形状的模子中固定成型，晾晒风干即可。有的是将其装入粗布口袋里吊起来，通过二次过滤挤压使其水分滴尽。稍微成型后，用手掰碎成小块或制作成圆形，放到芨芨草编制的席子上晾干，软硬程度由晾晒的时间长短决定。

提取酥油后的酸奶疙瘩呈白色，油性较小；未提取酥油的酸奶疙瘩色泽呈乳黄色，油渍渍的，其味最好。奶疙瘩可以单独吃，也可以和奶茶一起食用，或者在冬天将其融化后调入鲜肉汤、汤面和麦粥中。在放牧、远行、搬家或冬季缺奶的时节，奶疙瘩既可作主食又可解馋，是不可替代的美味食品。

晒干的奶疙瘩具有可长期保存、携带方便等优点。它基本上去除了牛奶中大量的水分，保留了营养价值高的精华部分，被誉为乳品中的"黄金"。一公斤奶疙瘩，通常浓缩了十公斤牛奶含有的蛋白质、钙、镁、锌、磷等人体所需的营养成分，其中所含的蛋白质，人体吸收率可达 96%~98%，不仅能增强免疫力，还能补钙。

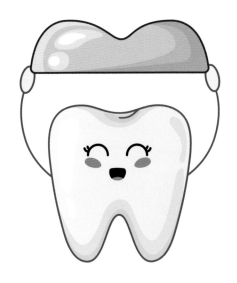

独特的发酵工艺，使奶疙瘩中的乳酸菌及其代谢产物对人体有一定的保健作用，有利于维持肠道内正常菌群的稳定和平衡，防止便秘和腹泻，亦可健胃消食。奶疙瘩中的脂肪和热量都比较高，但是胆固醇含量却相对比较低，对心血管健康也有益处。有的医生认为，人们在吃饭时吃一些奶疙瘩能大大增强牙齿表层的含钙量，从而起到预防龋齿的作用。

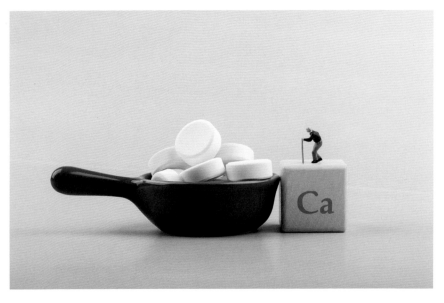

饮食文化在不同程度上反映出人们的生活方式和生活环境。制作奶疙瘩的初衷只是为了解决剩余的鲜奶，但无心插柳柳成荫，最终成就了草原上的一种美味，也形成了牧区特有的一种饮食文化。

当它被草原上的微风吹拂，在强烈的阳光下晾晒，再随着流动的毡房一起四处流浪……奶疙瘩的传奇故事也继续流传，让人们无法忘记这最美的白色之恋。

白玉琼浆

马奶酒

它，象征着圣洁，蕴含着淡泊。它，从草原深处走来，绽放着耀眼的光芒。

距离特克斯不远的昭苏，是天马的故乡。

每年七月份，夏牧场水草丰茂，抓膘育肥的牲畜产奶最多。晒依山·胡沙音和其他牧民一样，忙着把富余的马奶加工成马奶酒。

晨光刚刚点亮天空，晒依山·胡沙音就出门了，他要去草原中寻找自家马群。放养的马群，此时的奶量十分充足。他将马群赶回家，为制作马奶酒做准备。

每年七月份，夏牧场水草丰茂，抓膘育肥的牲畜产奶最多。

一家人里，妹妹挤马奶的经验最丰富。她会把小马牵到母马身边，安抚母马的情绪。一人牵马，一人快速挤奶，一天要分六次，才能挤完家里十六匹伊犁马的奶，每天挤奶量五十五公斤左右。

挤好的马奶，倒入特制的木桶，要用一根木棍在桶里搅拌发酵，这样的工序，每天都要重复很多遍。

制作
过程

挤好的马奶，倒入
特制的木桶。

用一根木棍在桶里
搅拌发酵。

发酵过程中。

在不停搅拌发酵的过程中，桶中的乳酸菌、酵母菌发生
着奇妙的反应。乳糖被分解，随着时间的拉长，马奶酒
的芬芳已经扑鼻而来。

马奶酒的营养很丰富，牧民们深信，经常喝马奶酒能让他们拥有更强健的体魄。

晒依山·胡沙音制作的马奶酒在昭苏小有名气，为了尝到他家的马奶酒，朋友木合亚提特地带了孩子上山来。

好客的晒依山·胡沙音，喜欢将马奶酒与人分享。

时间沉淀，赋予马奶酒清冽甘甜的滋味，而深厚的情谊，都浸润在马奶酒的酒香里。

天马西来酿玉浆，革囊倾处酒微香。
长沙莫吝西江水，文举休空北海觞。
浅白痛思琼液冷，微甘酷爱蔗浆凉。
茂陵要洒尘心渴，愿得朝朝赐我尝。
成吉思汗的军师、元代政治家耶律楚材的这首《寄贾抟
霄乞马乳》对马奶酒的描绘及情怀可谓字字如珠玑。

马奶酒主要为我国北方游牧民族所酿造与饮用，从古代
的匈奴、东胡、乌桓、鲜卑到现在的蒙古、哈萨克、柯
尔克孜、鄂温克等民族，都非常擅长酿造马奶酒，也喜
欢饮用马奶酒。

史书上有"马逐水草，人仰潼酪"的文字记述，可能是当时的人们觉得世界上最好的饮品就是马奶酒。

这一历史悠久的传统佳酿盛极于元，一直承担着游牧民族礼仪用酒的角色，元世祖忽必烈还常把它盛在珍贵的金碗里，犒赏有功之臣。曾经在元朝为官的马可·波罗在一次宫廷御宴上，得饮忽必烈亲赐的宫廷秘制马奶酒，并视其为天下至味，终生引以为无上荣耀，对中国马奶酒技术衷心叹服。这些都在他的《马可·波罗游记》中被记载。该书第一个将蒙古马奶酒的美名传播到西方世界。明代史书《北虏风俗》中也对蒙古族人酿造马奶酒的粗放式工艺进行了描述："马乳初取者太甘不能食。越二三日，则太酸不可食，惟取之造酒。其酒与烧酒无异。始以乳烧之，次以酒烧之，如此至三四次，则酒味最厚。"

始以乳烧之，次以酒烧之，如此至三四次，则酒味最厚。

马奶酒除了有酒的特征之外，与其他酒类不一样的地方在于作为乳制品，这种酒还含有丰富的营养，既可充饥，又可作为补充能量的饮品。因此，马奶酒也与乳酪上凝聚的精华油"醍醐"、獐的幼羔"麆沆"、与熊掌齐名的"驼蹄"、犴的嘴唇"鹿唇"、烤天鹅肉"天鹅炙"、麋鹿的肉"麋肉"、西域葡萄酒"紫玉浆"，一同被列为"蒙古八珍"。

现代蒙餐八绝

关于马奶酒的由来，有这样一个故事。铁木真的妻子在家里，一边思念远征的丈夫，一边制作酸马奶。恍惚间，锅盖上的水珠陆续地流到了旁边的碗里，特殊的奶香让她瞬间回过神来。她端过碗中的"清水"一尝，味美、香甜，饮后还有一种飘飘欲仙的感觉。在不断的实践中，她逐渐掌握了制作这种酒的工艺，并简单地制作了酒具。后来，她把自己酿造的酒献给了丈夫和将士们，众人喝了连声叫好。此后，宫廷里就有了一批专门酿造马奶酒的人。所制的马奶酒除了自己饮用之外，还在举行宴会、款待客人、赏赐臣属时使用。

马奶酒一般盛在革囊中，保存了元代游牧民族的草原习性且色白如玉，故被称为"元玉浆"。当时的人们对乳制品和乳酒的界限并不十分清楚，因此在对这种美味的称呼上也比较多元，马乳、乳酒、奶酒、潼酒等都成了马奶酒的别称。与此同时，人们也逐渐发现了马奶酒的养生作用，元朝医书《饮膳正要》中写道，"马奶酒性温，醇香而微酸，乃滋补之良药，有驱寒、舒筋、活血、健胃等功效，老少皆宜"。当时的诗人们更是丝毫不吝啬自己对马奶酒的称赞，元代诗人许有壬形容马奶酒"味似融甘露，香疑酿醴泉"，迺贤的《塞上曲》则有名句"马乳新挏玉满瓶"，意为搅拌后的马奶酒鲜润如玉，满瓶飘香。清代诗人肖雄说它"其性温补，久饮不间，能返少颜"。清代《瑟树丛谈》记载马奶酒"色玉清水，味甘甜"。

酿制马奶酒之所以成为草原上特有的生产工艺，是因为它的原料出自于马。游牧民族世居草原，以养畜为业，马是重要的交通工具，和他们的生活息息相关。马在草原上更是得宠的家畜，每年七八月份，水草丰美，牛羊肥壮，马也开始繁衍生息，哺乳小马驹。"带着雾的轻柔，带着梦的缥缈，在这清新的晨风里，乳香飘飘……"伴随着清晨若远若近的挤奶歌声，又到了酿制马奶酒的最好时节。马奶酒酿制的时间自夏伏骒马下驹时始，至秋草干枯马驹合群、不再挤奶时止，这段时间被称为"马奶酒宴"期。

马奶酒由新鲜马奶经过发酵酿制而成，是草原白酒和黄酒体系之外，边疆地区存留着的带浓厚地域特点的酒类，属于游牧民族传统饮品。传统的酿制方法，主要采用"撞击发酵法"。这种方法，据说是牧民在远行和迁徙时无意间创造出来的。牧民们为寻找水源和青草之地，经常骑着马，驱赶着牧群，一处又一处地迁徙。他们为解决自身饥渴，常把鲜马奶装入皮革制成的皮囊中随身携带，随时饮用。由于他们整日骑马，长途迁徙奔驰颠簸，使皮囊中的马奶反复摇动碰撞，乳汁逐渐升温、发酵，就形成了最初的马奶酒。

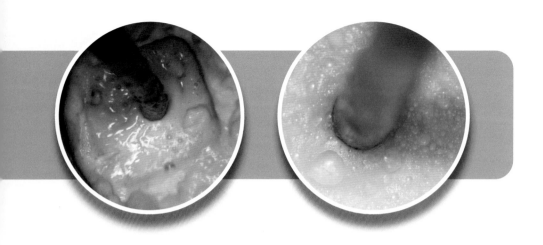

由此，聪慧的草原牧民便逐步摸索出一套酿制马奶酒的方法。勤劳的牧区妇女会将天然的纯鲜马奶盛装在木桶等容器中，用特制的木棒反复搅动，使奶汁在剧烈的动荡撞击中温度不断升高，混浊沉淀。待乳清和乳脂逐渐分离开来，纯净的乳清浮于上层，变得无色而透明，成为甜、酸、辣兼具，清香诱人并有催眠作用的马奶酒。

随着技术的发展，酿制马奶酒的工艺日益精湛。在宫廷秘法和牧区土法的基础上，采用现代生物工程技术，研制出了酿制烈性奶酒的蒸馏法。蒸馏法与酿制白酒的方法近似，用蒸馏法酿制的马奶酒，要比直接发酵而成的马奶酒度数高些。如果反复蒸馏几次，马奶酒的度数还会逐次提高。《蒙古酒考》就曾记载："六蒸六酿后的马奶酒方为上品。"

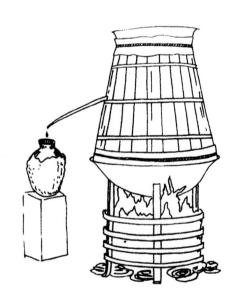

在酿制马奶酒的过程中，并不破坏鲜奶本身固有的营养成分，而是将其精炼，脱去脂肪，增加纯度，然后发酵，使所含营养成分充分活化，更易为人体吸收。马奶酒富含人体所需的 18 种氨基酸、多种维生素、矿物质，其维生素含量比牛初乳还高，钙、铁、硒等微量元素亦十分丰富。在传统的蒙药中，还常将马奶酒作为"药引子"。马奶酒确有驱寒回暖、开胃健脾、营养滋补、治疗风湿的功效。

酿制好的马奶酒，喝起来口感圆润滑腻、酸甜适口、乳香浓郁、奶味芬芳，酒精含量在 1.5 度到 3 度。在当地人看来，这种酒不算酒。但是马奶酒还有一个特点，那就是饮时不烈，但后劲大，不宜畅饮。一旦醉着出门，立马就会倒下。所以，马奶酒也有另外一个名字——"见风倒"。

马奶酒的特性似乎就是如此，和草原的生活密不可分。外人或许能从各种传说、故事、文章中窥探它的面目，只有来到牧区，才能真正了解到那些藏在马奶酒中关于草原的秘密。

蒙古族是一个热情好客、讲究礼仪的民族，他们认为美酒是食品之精华、五谷之结晶，所以也产生了独特的蒙古族马奶酒文化。酿好的马奶酒要先敬火神，意为火燃烧得旺，证明酒酿得好；接着再敬给长辈品尝，品尝酒的长辈要说赞词，赞美劳动成果和酒的品质。酿好的马奶酒会装入密封的瓷器中，埋在羊圈里，存放的时间越长，味道越美。几年后，启罐开封，那酒便是人间的酒中珍品了。

蒙古族男女皆好饮酒，更喜饮马奶酒且有大碗喝酒的豪爽风格，至今仍保持着一套特有的民族礼仪。于他们而言，马奶酒是敬天地的酒，以示虔诚；也是在赛马比赛中祝贺夺冠骑手的吉祥酒，寄托着美好的愿望；还是婚宴喜庆、招待客人的酒，以示敬重。

作为接待上宾的必备佳酿，热情好客的蒙古族人会将马奶美酒斟在银碗或金杯中，托在长长的哈达上，唱起动人的敬酒歌，款待远方的贵客，以表达自己的诚挚之情。那别具一格的敬酒礼仪，美妙的歌声、真诚的笑脸，着实会让人盛情难却。这时，最礼貌的回应就是接过马奶酒，微笑表示谢意，以右手无名指蘸酒进行"三弹"。首先要蘸酒弹向天，以示敬天；再蘸酒弹向地，以示敬地；然后再蘸酒抹一下自己的前额，以示敬祖宗。客人在进行完"三弹"礼节后，能饮则一饮而尽，不能饮则品尝少许或沾唇示意，便可将酒杯归还主人，表示接受了主人纯洁的情谊，但不能一滴不饮。

在草原上，喝酒是有歌声相伴的。蒙古族在敬酒时有连敬三杯的习俗，这时主人一定会唱祝酒歌，以示敬意与祝福。一般情况下，主人唱一支歌，客人就要喝一杯酒。客人不喝下去，主人就要一直唱下去，直到客人喝下为止，气氛十分活跃。一般情况下，客人把前两杯各抿一抿，第三杯应该全部喝完。如果客人确实不能喝，可将三杯酒各抿上一口，以示对主人的谢意和诚意。有些不知情的宾客拿到酒一杯接一杯喝，糊里糊涂就喝醉了。蒙古族人认为，只有让客人酒喝得足足的，自己的心意才算尽到了。主人的满腔热情，常常在敬酒与唱祝酒歌时淋漓尽显，让人产生难别之情、眷恋之感。

时至今日，凡是有牧民的地方，就会有马奶酒飘香。

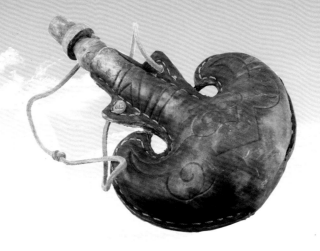

鬃飞蹄跃草原鹰，马背飘香蒙古情。活血舒筋健脾胃，颠簸岁月伴君行……奔驰在辽阔草原上，漫步在蓝天白云下，香浓诱人的马奶酒就是蒙古族人身上流动的血液，也是他们的灵魂。这碗酒中有奶、奶中有酒的白玉琼浆里不仅有岁月和故事，也有沧桑和乡愁，更有思念和希望。

酺饮醄醉

葡萄酒

赤霞珠、梅洛、丹魄、白玉霓、长相思、琼瑶浆、梅鹿辄……一瓶瓶美酒的雅号，如同古诗中的韵味一般悠远。

其实，它们还有一个共同的名字——葡萄酒，让岁月凝结，让味蕾惊艳。

石河子沙地酒庄的酿酒师韩志平，正在准备酿制今年的第一批葡萄酒。

天山北麓的大部分地区昼夜温差大，光照时间长，再加上天山雪水浇灌，是种植葡萄的绝佳区域，吐鲁番的葡萄早已因此蜚声世界。但是，酿制葡萄酒，需要一种皮厚肉少的葡萄，这种葡萄在石河子有大面积的种植。

每年九月中旬到十月，是石河子葡萄收获的季节。

早晨七点，工人们就在葡萄架下忙碌，他们将葡萄摘下来放入篮筐里，再运回酒庄。

这里的葡萄品种多为赤霞珠和美乐，有着厚实的表皮，直接食用口感欠佳，用于酿造葡萄酒却再好不过。

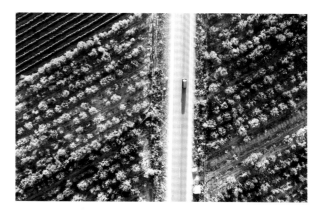

葡萄酒层次丰富的口感，大多来自葡萄皮中的物质，这正与赤霞珠和美乐皮厚的特点完美契合。

采摘来的葡萄，皮、果肉、汁水、葡萄籽，一起压榨，然后灌入大罐中，加入酵母进行发酵。

这时候的温度要控制在二十八摄氏度以下，经过六到八天，固液分离后，液体便为原酒，再进行第二次发酵。再经过一个月左右，葡萄酒就可以进行罐装，但是想要达到最好的口感，还需要时间的酝酿。

半年后，葡萄酒呈现出漂亮的深紫红色，这时候的口感圆润而温柔，清新的酒香里，混合着水果的香味，饮来余味悠长。

摘下葡萄，清洗，压榨出汁。

灌入大罐中，加酵母发酵。

装入木桶中熟化。

成品酒。

韩志平毕业于西北农林科技大学葡萄酒专业，一直从事与葡萄酒酿造相关的工作。对于他而言，这已经不是一份单纯的工作，更是借助时间的力量，探索不同的味觉。

在葡萄酒风靡世界的今天，国人多认为葡萄酒是外来物，因而长期将其归入"洋酒"之列。而实际上，最原始的"葡萄酒"是野生葡萄经过附在其表皮上的野生酵母自然发酵而成的，是由我们的祖先发现并"造"出来的。

葡萄，我国古代称之为"蒲陶""蒲萄""蒲桃""葡桃"等，葡萄酒则相应地叫作"蒲陶酒"等。关于"葡萄"两个字的来历，李时珍在《本草纲目》中写道："葡萄，《汉书》作蒲桃，可造酒，人醺（pú）饮之，则酶（táo）然而醉，故有是名。""醺"是聚饮的意思，"酶"是大醉的样子。按李时珍的说法，葡萄之所以称为葡萄，是因为用这种水果酿成的酒能使人饮后陶然而醉，故借"醺"与"酶"二字，称作"葡萄"。

回溯历史，其实早在春秋战国时期的《诗经》中就有了关于酿酒的文字记载。

小篆体"葡萄"

诗经

诗经竹简

汉武帝时期，张骞出使西域带回了酿酒葡萄和酿酒技师，使得种植葡萄和酿制葡萄酒都达到了一定的规模。据《史记》记载："大宛以蒲陶为酒，富人藏酒至万余石。"可见当时西域葡萄酒酿造的繁荣景象。这应该算是真正的大规模的葡萄酒生产和普及，完全得益于当时古丝绸之路的开通。

西晋文学家陆机就在《饮酒乐》一诗中写道："蒲萄四时芳醇，瑠璃千钟旧宾。夜饮舞迟销烛，朝醒弦促催人。"从文献以及文人名士的诗词文赋中都可以看出当时葡萄酒普及的情况。据记载，魏文帝曹丕尤其喜欢喝葡萄酒，他不仅自己喜欢葡萄酒，还把自己对葡萄和葡萄酒的喜爱和见解写进诏书，告知群臣。随后葡萄酒成为王公大臣、社会名流筵席上常饮的美酒，葡萄酒文化也日渐兴起。

张骞塑像

『葡萄美酒夜光杯，欲饮琵琶马上催』也作为千古绝唱，载入中国乃至世界葡萄酒文化史。

汉代酒具

夜光杯

唐代金杯

盛唐时期，人们不仅喜欢喝酒，而且喜欢喝葡萄酒。唐高祖李渊、唐太宗李世民都十分钟爱葡萄酒，唐太宗还喜欢自己动手酿制葡萄酒。他酿成的葡萄酒不仅色泽很好，味道也很好，兼具清酒与红酒的风味。盛唐时期社会稳定、人民富庶，民间酿造和饮用葡萄酒也十分普遍。王翰的《凉州词》中的"葡萄美酒夜光杯，欲饮琵琶马上催"也作为千古绝唱，载入中国乃至世界葡萄酒文化史。

元代高足金杯
元代陶瓷高足杯

饮酒图

中国古代诗词中有关葡萄酒的作品数不胜数，北周庾信
《燕歌行》中的"蒲桃一杯千日醉，无事九转学神仙。
定取金丹作几服，能令华表得千年。"描写的是葡萄酒
可与"金丹"相媲美。唐代李白笔下的《对酒》"蒲萄酒，
金叵罗，吴姬十五细马驮"描写的是将葡萄酒和金制的
酒具一起作为女子的嫁妆。

宋代释云贲《颂古二十七首》的"七宝杯酌葡萄酒，金花纸写清平词"，描写人们用名贵的杯子喝葡萄酒，用昂贵的纸写诗的生活方式。同样出自宋代的"共酌葡萄美酒，相抱聚蹈轮台"描写了朋友许久未见喝着葡萄酒共赏美景。"葡萄酒熟浇驼髓，萝卜羹甜煮鹿胎"则描绘着葡萄酒搭配珍贵的食物一同享用……此外，陆游笔下的"如倾潋潋蒲萄酒，似拥重重貂鼠裘。"韩愈笔下的"柿红蒲萄紫，肴果相扶擎。芳茶出蜀门，好酒浓且清。"等美句数不胜数。可以说我国的葡萄酒与诗词相得益彰，葡萄酒也因为中国的诗词而在人口耳。

葡萄酒于中国虽有灿烂的过往，但早已淹没在尘封的历史长河中。直至 1892 年，爱国华侨张弼士在烟台创办了葡萄酒公司，这也是我国葡萄酒经过两千多年的漫长发展后，出现的第一个工业化生产葡萄酒的厂家，贮酒容器也从瓮改为橡木桶。1912 年，孙中山先生为这家酒厂题了四字"品重醴泉"，给予了很高的褒奖。

酒瓮酒坛　　　　　　　　　　橡木桶

尽管历经千年，世事变迁，时间的车轮却永不停止。从汉武帝时期至清末民国初期，中国的葡萄酒产业经历了从创建、发展到繁荣的不同阶段，其中，有过繁荣和鼎盛，也有过低潮和没落，与之相随而行的是绵延不断、灿烂的葡萄酒文化。如今，葡萄酒文化已然成了世界性的文化，影响着一代又一代的人。

"饱满、丰腴、厚实、芬芳""有如松鼠在林间跳跃的流畅""热烈透明得像渔夫的眼泪"……这些饱含感情色彩的语言都表达了爱酒之人对葡萄酒的感受。葡萄酒的风味是复杂的，每个人对它的感受可能都是不同的。这感受不仅仅是某一种简单的味道，而是香气、酸度、涩感、酒体等混合在一起带来的独特体验，是在一个个酒杯中品味出来的。

葡萄酒有许多分类方式，按照颜色可分为红葡萄酒、白葡萄酒及粉红葡萄酒（粉红葡萄酒也叫桃红酒、玫瑰红酒）三类。其中，红葡萄酒又可细分为干红葡萄酒、半干红葡萄酒、半甜红葡萄酒和甜红葡萄酒；白葡萄酒则细分为干白葡萄酒、半干白葡萄酒、半甜白葡萄酒和甜白葡萄酒。

如今，葡萄酒文化已然成了世界性的文化，影响着一代又一代的人。

根据酿造工艺可分为：静态酒（无气泡酒）、香槟酒（气泡酒）、加烈酒（加入了高浓度酒）、加味酒（加入草根、树皮，采用传统药酒酿造法制成的）等。

每瓶葡萄酒就像是一个微型的时光机，从葡萄的栽培到葡萄酒的酿造，时间都起到了非常重要的作用。

葡萄酒中含有的 24 种氨基酸，是人体不可缺少的营养物质。除此之外，葡萄酒中的有机酸成分也不少，如葡萄酸、柠檬酸、苹果酸，大都来自葡萄原汁，能够有效地调解神经中枢、舒筋活血。明朝医药学家李时珍在《本草纲目》中也有对葡萄酒药用功效的记载："葡萄久贮，亦自成酒，芳甘酷烈，此真葡萄酒也。主治暖腰肾，驻颜色，耐寒。"由此可见，葡萄酒不仅能美容养颜，还能强身健体。

葡萄酒也是有生命的，她就像一位优雅的"睡美人"。在开瓶倒入杯中后，她便开始慢慢苏醒，而唤醒她的就是空气。通常，杯中最适宜倒入约三分之一的红酒，这样能使红酒与空气的接触面积达到最大，同时也可以使酒杯内保持充裕的酒气。适当的摇晃能让氧气更好地溶解于酒中，使"睡美人"在杯中更快地苏醒，口感也会变得更加圆润、柔和。

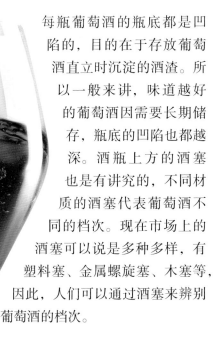

每瓶葡萄酒的瓶底都是凹陷的，目的在于存放葡萄酒直立时沉淀的酒渣。所以一般来讲，味道越好的葡萄酒因需要长期储存，瓶底的凹陷也都越深。酒瓶上方的酒塞也是有讲究的，不同材质的酒塞代表葡萄酒不同的档次。现在市场上的酒塞可以说是多种多样，有塑料塞、金属螺旋塞、木塞等，因此，人们可以通过酒塞来辨别葡萄酒的档次。

在国内，大部分人都习惯把葡萄酒叫作"红酒"，这是因为人们接触最多的葡萄酒就是红色的。"红酒"刚好又和"白酒"对应成一红一白，叫起来也朗朗上口，所以，基本上就成了葡萄酒的代名词。红酒因其优雅气质和能够营造出浪漫氛围的特点，自然地被赋予了更多的情感，无论是欢笑、忧愁、迷茫、倦怠、希望、落寞，都可以与红酒有关。

时间馈赠
SHIJIAN KUIZENG

在暖色的灯影里，在恬静的环境下，一家人或一群朋友，抑或是独自一人，都可以在慢下来的时光中拿起一只高脚杯，让宝石红的酒液在杯中晃动，慢品着红酒，细品着人生。

每逢重大的节庆活动，红酒也会作为『礼』的一种载体，出现在人们的餐桌之上。

每逢重大的节庆活动，红酒也会作为"礼"的一种载体，出现在人们的餐桌之上。在"无酒不成席"的餐桌礼仪中，葡萄酒也经常用于佐餐。人们常说的"红酒配红肉，白酒配白肉"，就是饮食搭配中的黄金法则。因为红葡萄酒中含有比较丰富的单宁，红肉中则含有丰富的蛋白质，当单宁遇上蛋白质，当红酒遇上红肉，酒体会变得非常顺滑，而红肉的肉质也会变得更加细嫩。通常白葡萄酒口感相对清淡一些，所以饮用时，一般搭配相对清淡的鸡肉、鱼肉及其他海鲜。这样食物的味道才不会盖过葡萄酒的味道，而用白葡萄酒搭配海鲜食用，不仅去腥，还可以提升海鲜的鲜味。简而言之，就是让葡萄酒的甜味、酸味、苦味、鲜味与食物的味道保持平衡。这样一来，当酒和菜的香气充分融合在一起，生活也会变得更加有滋有味。

当人们的脑海中再次回想起王维的那句"葡萄美酒夜光杯，欲饮琵琶马上催"时，也许也正应了李白的"人生得意须尽欢"，曹操的"对酒当歌，人生几何"。不如，让苏轼的"诗酒趁年华"与我们一同"醺饮酶醉"吧。

花吻麦香

啤酒

「嘭」的一声，白色的泡沫、金色的液体、酒花的馨香、麦芽的清香、馥郁的酒香，一股脑儿地喷涌而出……没错，这，就是啤酒的滋味。

在石河子，有一位特别的酿酒师名叫李坤亮，他与韩志平一样，在寻找味觉的秘密。

石河子，是一座军垦新城，也是啤酒花的主要产地之一。

成熟的啤酒花雌花和苞片上附着有黄色的油腺点，这种被称作"蛇麻腺"的东西，会分泌出苦味质、芳香油等物质，而这些，正是决定啤酒风味的关键。

军垦之城石河子

在石河子，啤酒花的棚架绵延数百亩，繁密的叶片编织
出层层绿荫。每年八月，是啤酒花采摘的季节，也是酿
制啤酒的时节。

李坤亮是一名精酿啤酒酿酒师。

不同于常见的工业啤酒，精酿啤酒的风味大多从传统的
原料与发酵工艺中获得，有着更为苦涩、浓烈的口感，
酒精度相对较高。在其酿造过程中，要比工业啤酒更看
重啤酒花的作用。

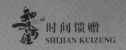
麦芽粉碎成颗粒，放入糖化罐里进行糖化。麦芽在温水的作用下，富含的蛋白质被一一分解。这时候再过滤掉麦皮，将液体放入煮沸罐中进行升温作业。

在升温过程中，加入啤酒花，啤酒花特殊的苦香味全部融入其中，罐中的麦液也在发生奇妙的化学反应。

这道工序，是决定精酿啤酒口感的关键。

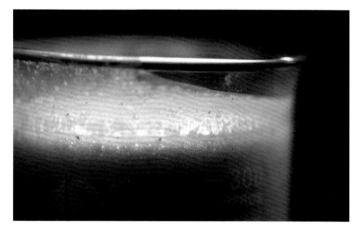

李坤亮尝试着改变，调整啤酒花放入的时机、比例，然后做系统分析，希望能发现制造不同口感的秘密。

不管怎样，这些"实验品"最后经过降温旋沉，被存入发酵罐中。

它们要经过一个月左右发酵，才能当得起精酿啤酒的称呼。

倾泻进酒杯的啤酒，激荡在杯壁，泡沫涌起，暗香浮动。喝一口，所有的心情，都融化在苦涩回甘里。

"嘭"的一声，白色泡沫急速升腾，与扑鼻的醇香一同溢出瓶外。一杯杯、一瓶瓶金黄色的液体飞舞荡漾，它们在豪爽的碰撞声中一浪高过一浪，这，就是来自啤酒的诱惑。

啤酒作为一种古老的酒精饮料，与葡萄酒和黄酒并称为"世界三大古酒"，是目前世界上销量最大的酒精饮料。啤酒相较于白酒和红酒，既不雍容华贵，也不锋芒毕露，它有一种过渡和缓冲的自由，也正是因为它无处不在、随性温和的品质，在所有酒类中，最常看到的是啤酒的身影。

啤酒作为一种古老的酒精饮料，与葡萄酒和黄酒并称为『世界三大古酒』。

啤酒,根据英语音译为"啤",又由于具有一定的酒精,故翻译时用了"啤酒"一词,沿用至今。啤酒是以小麦芽和大麦芽为主要原料,加入啤酒花,经过液态发酵酿制而成的饱含二氧化碳的一种低酒精度的饮品。它含有氨基酸、维生素、低分子糖、无机盐、酶等多种人体容易吸收利用的营养成分,能产生较高的热量,因此也被称为"液体面包"。

啤酒的起源与谷物的起源密切相关。远古石壁画上也展示了古代啤酒的酿造工艺，就是把烘烤好的面包弄碎，浸入水中产生麦芽浆，与大麦共同发酵酿造。

啤酒在古埃及文化中占据了非常重要的地位。古埃及人也成了啤酒的狂热追捧者，甚至连寺庙的碑铭中也谈到了法老们对这种酒的喜爱。

后来，古埃及人逐步改进了酿造技术，酿成了风味各异的啤酒，使啤酒真正融入了古埃及的社会习俗中。随着贸易往来，古罗马人、古希腊人、古犹太人都从古埃及学会了啤酒的酿造技术，并把它传入欧洲。

公元一世纪时，爱尔兰人酿造出了一种跟现代的淡黄色啤酒相仿的啤酒。公元四世纪，啤酒传遍了整个北欧。啤酒种类开始变得丰富起来，其中英国人酿造的一种黑啤酒非常有名，与现代的黑啤酒已经很相似了。1516年，威廉四世颁布了《德国啤酒纯酿法令》，规定啤酒只可以用啤酒花、麦子、酵母和水作为原料，这也是最早的一部关于食品的法律。

时间跨越至十九世纪，当冷冻机发明后，人们开始对啤酒进行低温处理，就是这一发明使啤酒冒出了浓密的泡沫。1900 年，俄国技师首次在中国哈尔滨建立了啤酒作坊，自此，中国人喝上了啤酒。1903 年，英国人和德国人又在中国建了英德啤酒厂，它就是青岛啤酒厂的前身。

随着历史的发展，人们对啤酒的喜爱也逐步上升，如今喝啤酒在全世界范围内都很流行。啤酒也不再局限在某个国家，而是香飘万里，遍地开花，已然成为人们生活中的重要饮品。各个国家啤酒的酿酒原料、喝酒习俗等会因地理位置的不同而存在着差异。啤酒已不仅仅是一种客观物质的存在，更是一种多姿多彩的文化象征。

德国啤酒有着严格的原材料配比度，最重视的就是麦芽
的品质，麦芽的添加量占到百分之五十，尝起来就会有
麦芽的香甜味。麦芽的纯度使德国啤酒产生了独特品质，
它的味道会随着品尝的时间而变化，每个时间段都会有
不同的感觉，大大满足了当地人的口腹之欲。

除此之外，德国啤酒的发源地和悠久的历史文化也同样非常受人们的重视。德国著名的酒乡就是位于莱茵地区的科布伦茨，那里也被誉为莱茵河畔的"浪漫之都"。莱茵河畔的酒厂也有着古老的历史和悠久的传说，各式各样的酿酒方法和专属的节庆舞蹈都为德国啤酒增色不少，使人们流连忘返。

比利时啤酒则偏重于麦芽和酵母的成分，口感上有着浓郁的麦芽和酵母的味道。因为啤酒的最初原料只有麦芽、酵母和水，啤酒花是在后来才被使用在啤酒的酿造中。所以，比利时啤酒在原材料的比重上更加倾向于传统工艺。

莱茵河秋景

比利时布鲁塞尔啤酒

中国白酒

在中华文化中，酒文化也是一种历史极为漫长的文化。从最初的黄酒、白酒、米酒，一直到啤酒的诞生，每一步都灌注了国人特殊的感情。啤酒十九世纪末二十世纪初才传入中国，也就刚满百年。相较于白酒而言，啤酒度数低且不烈，更能满足人们的"豪饮"。

刚刚进入中国时，啤酒业发展缓慢、分布不广、产量不大。1949年后，中国啤酒工业发展较快，并逐步摆脱了原料依赖进口的落后状态。1954年，中国的啤酒开始进入国际市场。

如今中国已是世界上最大的啤酒生产国之一，成为啤酒发展速度最快的国家。

近年来国外啤酒大量进入中国，啤酒文化得以充分的传播与发扬，与中华民族传统文化，相融合后，就产生了具有中国特色的啤酒文化。其实，中国的啤酒酿造技术并不比国外落后，啤酒行业更是非常开放的行业。国内众多啤酒品牌也从不同的角度繁荣和演绎着啤酒文化，使啤酒文化在中国大地上更加丰富多彩，感染和吸引着越来越多的消费者。

在中华大地上，地域的差别造就了不同特色的啤酒文化，有了对啤酒不同的诠释。众人在推杯换盏之间，享受自由与洒脱。啤酒倾倒入杯中，有人将泛起的泡沫比喻为放荡不羁的青春，也有人将其比喻为在外游子的浓厚乡愁，更有人将其比喻为悲伤过后最真实的自己。事实上，不管是哪种诠释，都饱含着人们对啤酒的热爱。

在中华大地上，地域的差别造就了不同特色的啤酒文化。

在发展中国的啤酒文化的过程中，东北地区有着举足轻重的地位。自1900年俄国人在哈尔滨建立第一家啤酒厂后，东北的啤酒厂如同雨后春笋一般冒了出来。1914年，中国人自己的第一家啤酒厂成立，自此以后，哈尔滨、金士百、鸭绿江等啤酒品牌逐步享誉东北地区。华北地区的啤酒也算是起步较早的了，民国初期的啤酒厂便是其特色之一。如今在华北地区，青岛、燕京、老山、雪花等啤酒品牌斗奇争艳。

西北地区要数宁夏的西夏啤酒、甘肃的黄河啤酒以及新疆的乌苏啤酒最为有名。西北啤酒给人的感觉是一种别样的雄浑、厚重。再看西南地区，云贵川渝各地也有很多名啤，如重庆啤酒、紫啤、澜沧江啤酒、高原啤酒以及茅台啤酒等。进入华南地区后，百威啤酒、蓝妹啤酒、漓泉鲜啤等则让人领略到不一样的华南风采。

当然，中华大地上的啤酒绝不止于此，还有西湖啤酒、台湾啤酒等。或许当饮者喝遍全国各地的啤酒以后，才能深入体会中华酒文化的魅力。

在夏天，人们喜欢喝上一杯凉凉的冰镇啤酒，也会在吃烧烤的时候来上那么一杯。清凉的啤酒沁人心脾，扑鼻的麦香摄人心魄，约上三五好友开怀畅饮，一起回忆似水流年，绝对是一种人生享受。当那一杯泛起泡沫的啤酒摆在面前时，似乎不再是啤酒花亲吻着麦芽香的饮品，而是满载着情感的人生。

一块风干肉，又或者一杯精酿啤酒，很容易看清它们的来处与去向。我们在来去之间，感受温暖的人情，感知变化的意义。

或长或短，在时间匆忙里，停下的每一瞬，都是不同的风景——可以是美味，也可以是人生滋味。

都说美食是时间的艺术，所有的美食都是时间沉淀下来的火候与美味。

就像风干肉、熏马肉、熏马肠、奶疙瘩、马奶酒、葡萄酒、啤酒一样，美味需要经过耐心的等待，才能被感受到，让人心动。

于制作者而言，那些美味代表着重要的时光或儿时的记忆；于食客而言，那些美味则代表着温馨的满足和长久的回味。